QING SHAO NIAN KE XUE TAN SUO

青少年科学探索

U0591132

基础科学百科

张恩台 编著　丛书主编 郭艳红

天文：未来科学新视野

汕头大学出版社

图书在版编目（CIP）数据

天文：未来科学新视野 / 张恩台编著. -- 汕头：
汕头大学出版社，2015.3（2020.1重印）
（青少年科学探索营 / 郭艳红主编）
ISBN 978-7-5658-1631-4

Ⅰ. ①天… Ⅱ. ①张… Ⅲ. ①天文学—青少年读物
Ⅳ. ①P1-49

中国版本图书馆CIP数据核字(2015)第025980号

天文：未来科学新视野　　　　TIANWEN：WEILAIKEXUE XINSHIYE

编　　著：张恩台
丛书主编：郭艳红
责任编辑：胡开祥
封面设计：大华文苑
责任技编：黄东生
出版发行：汕头大学出版社
　　　　　广东省汕头市大学路243号汕头大学校园内　邮政编码：515063
电　　话：0754-82904613
印　　刷：三河市燕春印务有限公司
开　　本：700mm×1000mm　1/16
印　　张：7
字　　数：50千字
版　　次：2015年3月第1版
印　　次：2020年1月第2次印刷
定　　价：29.80元
ISBN 978-7-5658-1631-4

前　言

　　科学探索是认识世界的天梯，具有巨大的前进力量。随着科学的萌芽，迎来了人类文明的曙光。随着科学技术的发展，推动了人类社会的进步。随着知识的积累，人类利用自然、改造自然的的能力越来越强，科学越来越广泛而深入地渗透到人们的工作、生产、生活和思维等方面，科学技术成为人类文明程度的主要标志，科学的光芒照耀着我们前进的方向。

　　因此，我们只有通过科学探索，在未知的及已知的领域重新发现，才能创造崭新的天地，才能不断推进人类文明向前发展，才能从必然王国走向自由王国。

　　但是，我们生存世界的奥秘，几乎是无穷无尽，从太空到地球，从宇宙到海洋，真是无奇不有，怪事迭起，奥妙无穷，神秘莫测，许许多多的难解之谜简直不可思议，使我们对自己的生命现象和生存环境捉摸不透。破解这些谜团，有助于我们人类社会向更高层次不断迈进。

　　其实，宇宙世界的丰富多彩与无限魅力就在于那许许多多的难解之谜，使我们不得不密切关注和发出疑问。我们总是不断地去认识它、探索它。虽然今天科学技术的发展日新月异，达到了很高程度，但对于那些奥秘还是难以圆满解答。尽管经过古今中外许许多多科学先驱不断奋斗，一个个奥秘被不断解开，推进了科学技术大发展，但随之又发现了许多新的奥秘，又不得不向新问题发起挑战。

宇宙世界是无限的，科学探索也是无限的，我们只有不断拓展更加广阔的生存空间，破解更多的奥秘现象，才能使之造福于我们人类，我们人类社会才能不断获得发展。

为了普及科学知识，激励广大青少年认识和探索宇宙世界的无穷奥妙，根据中外最新研究成果，编辑了这套《青少年科学探索营》，主要包括基础科学、奥秘世界、未解之谜、神奇探索、科学发现等内容，具有很强系统性、科学性、可读性和新奇性。

本套作品知识全面、内容精炼、图文并茂，形象生动，能够培养我们的科学兴趣和爱好，达到普及科学知识的目的，具有很强的可读性、启发性和知识性，是我们广大青少年读者了解科技、增长知识、开阔视野、提高素质、激发探索和启迪智慧的良好科普读物。

目 录

宇宙的诞生

宇宙是广袤的空间和其中存在的各种天体以及弥漫的物质的总称。宇宙是物质世界，它处于不断地运动和发展中。《淮南子·原道训》中注："四方上下曰宇，古往今来曰宙，以喻天地。"即宇宙是天地万物的总称。

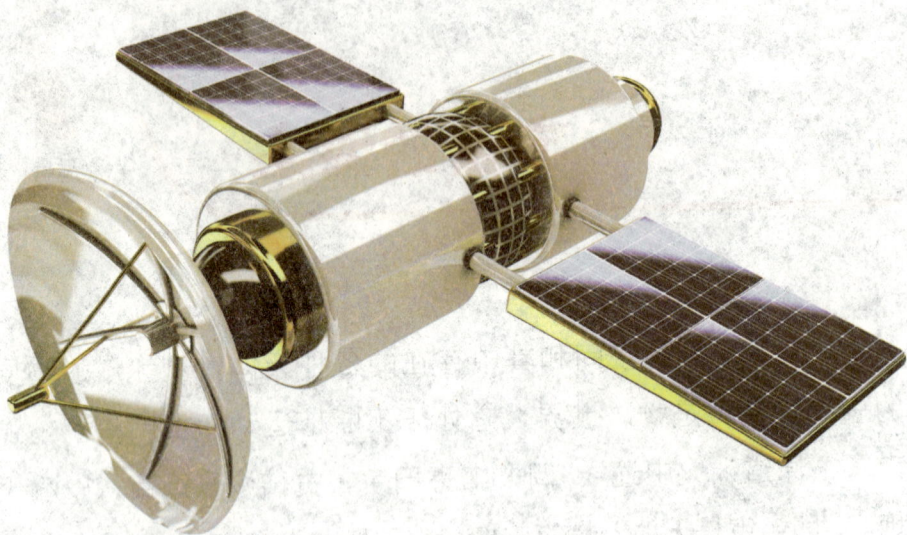

　　宇宙是如何诞生的？现在的样子又是如何演变而成的呢？在很早以前人类就提出了这些疑问。这些使人类困惑千年而未能破解的重大问题，直至多年前爱因斯坦提出了相对论学说之后，才首次有了符合科学逻辑的解答。

　　相对论提出宇宙有可能发生膨胀，后来研究的结果证实了这一点。科学家们发现，远方的银河正在以非常快的速度和我们的银河拉远距离，这说明宇宙正在逐渐地膨胀着。另外，科学家还发现宇宙空间到处充满着杂音、电波，这证明宇宙曾经是一个超高温、高密度的大火球。

　　宇宙中的物质分布出现不平衡时，局部物质结构会不断发生膨胀和收缩变化，但宇宙整体结构相对平衡的状态不会改变。仅凭从地球角度观测到的部分，可见星系与地球之间距离的远近变化，不能说明宇宙整体是在膨胀或收缩。就像地球上的海洋受引力作用不断此长彼消的潮汐现象并不能说明海水总量是在增加或减少一样。

一些科学家认为宇宙大约诞生于150亿年前的一次大爆炸中。

原来宇宙里所有的东西都挤在一起，大爆炸使新生的宇宙向四面八方飞出去。很久很久以后，爆炸的碎片聚集在一起，形成了不同的星群，宇宙才变成了现在这个样子。宇宙中有60多亿个星系，银河系只是其中一个。而一个银河系中就有1000多亿颗恒星，太阳只是其中的一颗。

宇宙是那么辽阔，要用光年来计算距离。一光年是光在一年

中所走过的路程，约等于10万亿千米。

虽然宇宙现在还在继续向外扩大，但总有一天各个星系之间会反过来越靠越近，直至撞在一起，发生大收缩为止。

延 伸 阅 读

如果把所有的物质都做成太阳，那么将会有1000万亿个"太阳"，离我们77光年的狮子星座正以每秒1.95万千米速度远去，离我们16.7光年的牵牛星座正以每秒3.94万千米速度远去，其原因在于宇宙在膨胀。

宇宙的星系地图

科学家通过观测发现，宇宙中的大量星系都集中在一些特定的区域上，这种极大的尺度结构上看去就像是长长的链条，所以叫"宇宙长城"，这可比星系的尺度要大得多。这个结构长约7.6亿光年，宽达2亿光年，而厚度为1500万光年，俨然就是一条不规则的薄带子。天文学家们形象地称呼它为"长城"，后来就被人称为"格勒—赫伽瑞长城"。

这道肉眼看不见的曲线形的"长城"，离地球

大约2亿至3亿光年。由于距离遥远，它在一般的天文摄影照片上显示不出来。它使人们了解到宇宙中最大的发光结构不是银河系中的超星系团，与此同时又给人们一些启示：在太空中会不会还有更大的天体等待着人们去发现呢？

2003年10月20日，以普林斯顿大学的天体物理学家理查德·格特为首的一组天文学家启动了一个名为"斯隆数字天空观测计划"的项目，他们利用新墨西哥州阿帕奇角天文台的大型望远镜对1/4片天空中的100万个星系相对地球的方位和距离进行了测绘，然后把它们描绘在一张"宇宙地图"上面。

在这个地图上面，他们惊讶地看到了这个被命名为"斯隆"的巨大无比的，由星系组成的"长城"。其实，这样一种条带状的"星系长城"并不是第一次被发现。

1989年，天文学家格勒和赫伽瑞领导的一个小组就从星系地图上面发现了一个显眼的、由星系构成的条带状结构。科学家们用计算机看到底能不能由现有理论通过模拟计算得到这样一种大范围的条带结构。他们建立了一个巨大的由星系构成的宇宙模型，用来模拟真实宇宙里面包含了"斯隆长城"的那部分空间，用来组成"斯隆长城"星

系，占到了整个模型中星系数量的10％。

　　计算结果让天体物理学家大大地松了口气，因为不管是7.6亿光年长的"格勒—赫伽瑞长城"，还是13.7亿光年长的"斯隆长城"，都还不属于理论无法预测的结构。

延 伸 阅 读

　　光年是长度单位，光年一般被用于计算恒星间的距离。光线在一年中所走的距离称为一光年。它是由时间和速度计算出来的。宇宙间的距离非常大，所以只能以光年来计量，光速为每秒30万千米，因此一光年就是94600亿千米。

星球的形状

  用天文望远镜观测星星，不论是恒星还是行星，都是圆形的。这是为什么呢？

  宇宙中的星球一般都是指恒星。恒星就是一个个大大小小的"太阳"，它们都具有很高的温度，表面的最高温度可达到40000摄氏度至70000摄氏度，最低的也在上千摄氏度。太阳表面的温度大约有6000摄氏度。中心温度至少有1500万摄氏度。

　　在这种情形下，恒星上就不存在固体、液体状态的物质，而都是一些气体状态的物质了。

　　气体扩散到各个方向都是相同的，范围也是大致相等的，同时各部分的气体都受到了万有引力的控制。因此，在这些力量取得平衡的情况下，恒星的外表就成了个圆球形，这就是我们看起来的恒星都是圆形的一个理由。

　　早在17世纪，英国著名的科学家牛顿已经断定：所有有自转现象的星球都应该是球形的或者是扁球形的。

事实正是如此。就拿行星来说，行星本身不会发光发热，它并不是处在气体状态的星体，而是坚硬的固体球。

但是它在刚刚成形的时候也是一种炽热的熔化物质。因为它有自转，这样形成的球形在力学上被称为"旋转球体"，或"旋转椭球体"。

月亮和一些其他行星的卫星同样也是圆形和扁球形状的。这也是因为它们在刚刚形成的时候剧烈转动的缘由。太阳是一个炽热的气体球，它也在不停地自转，所以它同样是球形的。遥远世

界的恒星都会自转，最快的达到每秒420千米，因此它本身连同气体也都滚成了圆的或扁圆的形状了。

有的人也许要问，恒星既然有了自转，它的气体就不会散开吗？不会的，因为恒星有强大的吸引力，可以把它的气体控制住，最后气体还是和恒星一起旋转成了圆的形状。不过，在宇宙中并不是所有的天体都是圆球形的，例如星云、小行星有些是不太规则的形状。

延 伸 阅 读

宇宙爆炸刚开始不久，整个宇宙处于一种极高温的状态，温度高达100亿摄氏度以上，光辐射极强。大爆炸理论认为所有恒星都是在温度下降时产生的，因而任何天体的年龄都应短于200亿年。

宇宙的黑洞

黑洞是科学家早很早以前预言存在的一种天体，迄今仍未真正了解。最近二三十年来，黑洞在天文学和天体物理学中一直是一个热门话题。黑洞是宇宙的一个组成部分，那里的吸引力非常大，以至于连光线都无法从中逃脱出来。

　　在宇宙中每个星体的内部都在进行着激战，一方面是它本身固有的引力，这种引力使星体聚合变小；另一方面则是从星体的内核中释放出来的能量，它竭力要使星体爆炸分解。当星体的核能完全释放以后，由于只受引力的作用，星体的体积会变小，但重量大得惊人，它周围的引力也会变得十分强大，甚至连星体周围的能量也不能从它那极大的引力场中逃逸掉，这使得星体就像隐身消失似的，因此在太空中形成了黑洞。

　　说黑洞"黑"，是指它就像宇宙中的无底洞，任何物质一旦掉进去，似乎就再不能逃出。与其他天体相比，黑洞十分特殊，而使得黑洞把自己隐藏起来的原因就是弯曲的时空。

在地球上，由于引力场作用很小，时空的扭曲是微乎其微的。而在黑洞周围，时空的这种变形非常大。由于黑洞中的光无法逃逸，所以我们无法直接观测到黑洞。

2011年12月，一个国际研究小组利用欧洲南方天文台的"甚大望远镜"发现了一个星云正在靠近位于银河系中央的黑洞，并将被其吞噬。这是天文学家首次观测到黑洞"捕捉"星云的过程。

大部分星系都有一个超大质量的黑洞，这些黑洞的质量大小不一，质量相当于100万个至100亿个太阳。而黑洞每隔1亿年才会吞

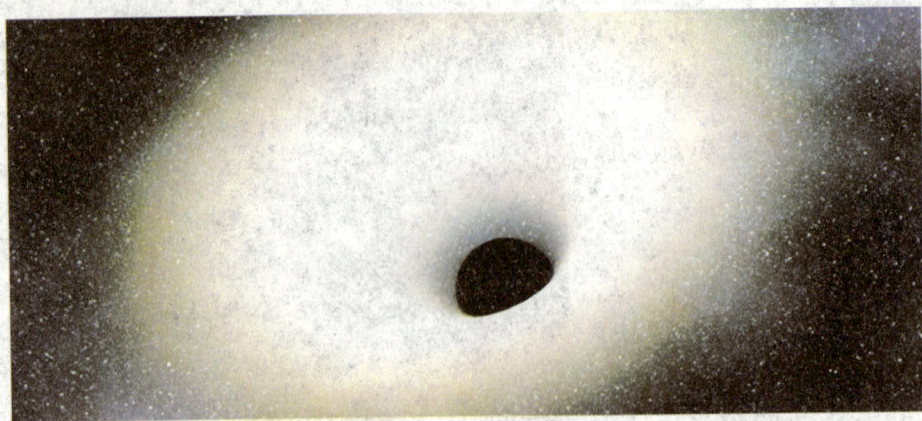

噬一颗恒星，因此科学家认为，这个黑洞的质量比预计的更大。黑洞并不是实实在在的星球，而是一个几乎空空如也的天区。黑洞又是宇宙中物质密度最高的地方，地球如果变成黑洞，只有一粒黄豆那么大。

原来，黑洞中的物质集中在天区中心，这些物质具有极强的引力，任何物体只能在中心外围游弋。一旦不慎越过边界，就会被强大的引力拽向中心，最终化为粉末落到黑洞中心。

延 伸 阅 读

美国加州大学伯克利分校华裔天文学家马中佩带领一个科研小组，发现了科学界迄今所知最大的两个黑洞。它们位于银河系的中心地带，距离地球约27000光年，每个质量约为太阳的100亿倍。

浩瀚的银河系

晴朗无月的夜晚，在那深蓝色的天幕上有一条白茫茫的带子，银光闪闪，横过天际，像一条高悬天空的大河，古人以为它是天上的一条河流，因此叫它"天河"或"银河"。

　　直至意大利的科学家伽利略发明了望远镜，人们才看清，银河原来是由大大小小的恒星组成的。因为它离我们太远了，以至用肉眼看来就像白茫茫的光带。银河系里有2000多亿颗恒星和大量的星团、星云，还有各种类型的星际气体和星际尘埃。它的总质量是太阳质量的1400亿倍。它的外形好像是一个铁饼，中间厚，边缘薄。

　　光线从银河系的一侧跑到另一侧，需要10万年的时间；从上面跑到下面，也要10000多年的时间。我们地球所在的太阳系也是银河系的成员，位于银河系的边缘部分，距离银河系中心大约有26000光年。

在银河系里大多数的恒星集中在一个扁球状的空间范围内，扁球的形状好像铁饼。扁球体中间凸出的部分叫"核球"，半径约为7000光年。核球的中部叫"银核"，四周叫"银盘"。

银盘外面有一个更大的球形，称为"银晕"，直径约为70000光年。银河系是一个旋涡星系，具有旋涡结构，即有一个银心和两个旋臂，旋臂相距4500光年。其各部分的旋转速度和周期因距银心的远近而有所不同。太阳距银心约23000光年，以250千米/秒的速度绕银心运转，运转的周期约为2.5亿年。

银河系物质约90％集中在恒星内。最年轻的极端星族Ⅰ恒星

主要分布在银盘里的旋臂上，最年老的极端星族Ⅱ恒星则主要分布在银晕里。

恒星常聚集成团，除了大量双星以外，人们在银河系里已发现了1000多个星团。银河系里还有气体和尘埃，气体和尘埃分布不均匀，有的聚集为星云，有的则散布在星际空间。自20世纪60年代以来，还发现了大量星际分子。在银河系核心部分有一个巨型黑洞，据估计其质量是太阳质量的几千万倍。

延 伸 阅 读

太阳以每秒250千米的速度绕银心转一周，约需2.5亿年。美国"先驱者"10号和"先驱者"11号除负责侦察木星、土星任务以外，也担负着寻找"外星人"的使命。"先驱者"10号是向银河系进军的第一艘宇宙飞船。

太阳会变色的原由

1965年的春天，北京上空出现了一次特大的尘暴，顷刻间天昏地暗，黄沙滚滚，粉末状的黄土从空中洒落下来。顿时，人们发现了一个奇怪的现象——太阳忽然失去了耀眼的光芒，变成了蓝莹莹的，尘暴过后才慢慢恢复原状。

1883年，印度尼西亚喀拉喀托火山爆发，火山灰飘到地球大气层高处，当夜人们看到的月亮也是蓝色的。

太阳光大多是氢氦原子的电离光波，接近蓝色频区。因为太亮，它看起来是白色的。在穿过大气层的时候被空气吸收产生频率红移。在早晚看太阳是红色的就是这个原因。当沙尘暴天气出现时，空气中的沙尘粒子对红色光波的吸收能力较强，所以太阳看起来是微弱的蓝色。从天文科学观点分析，月亮的颜色与其反射太阳光的原理有关。

在通常情况下，月亮发出珍珠白的颜色，有时可见淡黄色。月亮只有在一定情况下才呈现出蓝色。据物理学家介绍，如果在大气层中悬浮有大量的灰尘颗粒，并且大气中还夹杂着小水珠，月亮看上去才会是蓝色的。

如果运气好，还可以观赏到"绿太阳"。七彩光轮相互重叠产生白光，在太阳的上、下边缘，光轮的颜色不混合，在太阳的上缘呈蓝色和蓝绿色。这两种光穿过大气层时命运不同。蓝光受到强烈的散射，几乎看不见，而绿光则可以自由地透过大气。所以人们可以看到绿色的太阳！

以前人类观察太阳犹如井中观天。在相当长的历史时期，古人把太阳作为神来崇拜。

希腊的太阳神叫"阿波罗"，阿波罗每天把太阳载在金光灿灿的马车上从东边的大海登上天空，晚上隐没在西方的大海里。

墨西哥的阿斯德加人甚至把人作为活祭品供奉给太阳，认为这样太阳才能长久生存。

直到后来，开始从事农耕的人类为了辨别季节才开始了对太阳的观测。传说在公元前27世纪的帝尧时代，我们的祖先就开始观测太阳了。当时专司天文的官员叫羲和，他主要负责观测天象和预报时间。

延 伸 阅 读

沙尘暴是沙暴和尘暴两者兼有的总称，可造成房屋倒塌、交通供电受阻或中断、火灾、人畜伤亡等，给国民经济建设和人民生命财产安全造成严重的损失和极大的危害。

"太阳"会在晚上出现

1981年8月7日晚，四川省汉源县宜东区某村的人们在村旁的凉亭里乘凉时，发现天空越来越亮，一个红红的火球从西面的山背后爬出来，放射出耀眼的光芒。

1989年8月7日晚，江苏省兴化市唐刘、乡姜家村西南方向约1000米远、20米高的空中，出现了一个圆圆的火球。它像太阳一样放射出耀眼的光芒，河水都被映得火红一片，大约持续了十多分钟。当时，这个村有近1000人亲眼目睹了这一奇观。

1596年至1597年的冬天，航海家威廉·伯伦兹到达北极的新地岛时，恰好遇到了长达176天的极夜。

威廉和船员们无法航行，只好耐心等待极昼的到来。然而，在离预定日期还有半个月时，有一天，威廉和同伴们发现太阳突然从南方的地平线喷薄而出。人们顿时惊喜万分，纷纷收拾行装准备航行。

可是转眼之间，太阳又没入了地平线，四周又重新笼罩在黑茫茫的夜色中。

事实上，在晚上出现太阳的现象是不可能的。气象专家分析认为，夜里出现的太阳其实是一个圆形的极光，即冕状极光。

科学研究表明，极光这一美丽的景象是太阳和大气层合作表演出来的作品。

在太阳创造的诸如光和热等形式的能量中，有一种能量被称

为"太阳风"。

太阳风是一束可以覆盖地球的强大的带电亚原子颗粒流，属于等离子态。太阳风在地球的上空环绕地球流动，以大约每秒400千米的速度撞击着地球磁场。地球磁场形如漏斗，尖端对着地球的南北两个磁极，因此太阳发出的带电粒子沿着地磁场这个"漏斗"沉降，进入地球的两极地区。

南北两极的高层大气受到太阳风的轰击后会发出光芒，就形成了美妙的极光。

有时候，在天气晴好的夜间，在有极光的夜晚，一种射线结构的极光会扩散为圆形的发光体，并且快速移动，亮度极大。因此，极光才被人们误认为是太阳出现了。

延　伸　阅　读

不夜县，我国汉代县名。西汉始置不夜县，属东莱郡，是当时山东半岛最东端的一县，其地在今山东省威海市东部。古代地方志认为不夜县因太阳于夜间出现而得名。

奇特的方形太阳

我们所看到的太阳总是圆的，但有人确实见过方形的太阳。

1933年9月13日，日落时分，学者查贝尔在美国西海岸拍下了有棱有角的方太阳照片。当时，就在太阳快要落下去的时候，奇景

出现了：又大又圆的太阳变成了椭圆形，不久，太阳的下方像用刀切过一样，变成了一条和地面平行的直线。接着，上面的圆弧渐渐变得平直，最后也成了一条直线，太阳变成了方形的。查贝尔兴奋极了，迅速地按动照相机快门，拍下了这一珍贵的镜头。

当时太阳并没有被云彩遮住，为什么会变成方形的呢？

原来，方形太阳是变幻莫测的大气造成的。在地球的南北两极，靠近地面和海面的空气层温度很低，而上层空气的温度高，从而使得下层空气密集，上层的空气比较稀薄。大气层有厚度，光透过大气层产生折射，日出和日落时太阳接近地平线表面，位置比平常低，由于角度的关系，地平线上时常有遮挡物，比如树、房屋、建筑，而在海平面上没有遮挡物，所以就看得清楚了。

日落期间，当光线通过密度不同的两个空气层时，由于光的折射，它不再走直线，而是弯向地面的一侧。太阳上部和下部的光线都被折射得十分厉害，几乎成了平行于地平线的直线，于是人们看到太阳被"压扁"，便成了奇妙的方太阳。

2003年10月18日17时，湖南省长沙一中初三学生邓棵无意间看到一个奇特的天象：天上的太阳竟然是方的。

当时，他做完作业到外面休息，抬头看了看夕阳，突然发现

有点儿不对，太阳好像有点儿偏方形的感觉。于是，他拿起随身携带的数码相机，对准太阳进行了数码放大，结果发现太阳上下部像被削平了一般。他找准时机拍摄了一个最接近方形的太阳。邓棵回去后查找有关资料，才得知这种罕见的奇观最早在1933年被美国的查贝尔在海边拍到过。

1978年，日本人掘江谦也曾拍下过方形太阳的照片。

延 伸 阅 读

查贝尔的发现引起了很多人的关注，他们争先恐后地赶到极地去观看这一奇景。但是，看到这一奇景的机会并不太多，能拍摄到照片的就更少了。日本学者在北极地区有幸目睹了这一奇观，并拍下了太阳由圆变方的一系列镜头。

太阳的羽毛

1997年3月9日，发生在我国最北方漠河的日全食让每一位亲临现场的观众都大开眼界，就在一瞬间，明亮的天空被一道黑幕遮住，太阳被月影完全遮掩。

此时，人们惊异地看到了"黑太阳"周围一团白色的光

圈，而且在太阳的上下两极地区，这层光圈内竟排列着一道道呈羽毛状的东西。那么，太阳怎么会生出"羽毛"呢？

在日全食发生时，平时看不到的太阳大气层就暴露出来了，它就是日冕。日冕可从太阳色球的边缘向外延伸至几个太阳半径处，甚至更远。人们曾形容它像神像上的光圈，它比太阳本身更白，外面的部分带有天穹的蓝色。

日冕的形状同太阳的活动有关。在太阳活动极大年，日冕接近圆形，在太阳活动极小年呈椭圆形，而在太阳宁静年呈扁形，赤道区较为延伸。日冕的直径大约是太阳视圆面直径的1.5倍至3倍。

日冕的形状是有变化的。人们通过观察发现，自19世纪末以来，日冕的形态随太阳黑子活动的周期而变化。

在太阳活动的极盛时期，日冕的形状是明亮的、有规则的，近于圆形。

可是，在太阳活动的极衰时期，就其整体来说，日冕没有那样明亮；但在日面赤道附近，日冕的光芒底层却在扩大，上面分成网状，呈刀剑状伸向几倍太阳直径那样远的地方。

有人于1848年在高山上观测了一次极衰期的日全食，看见这些光芒伸长到距离日面1500万千米以外的地方。

除了上述特征之外，极衰期的日冕往往在两极表现出一种像

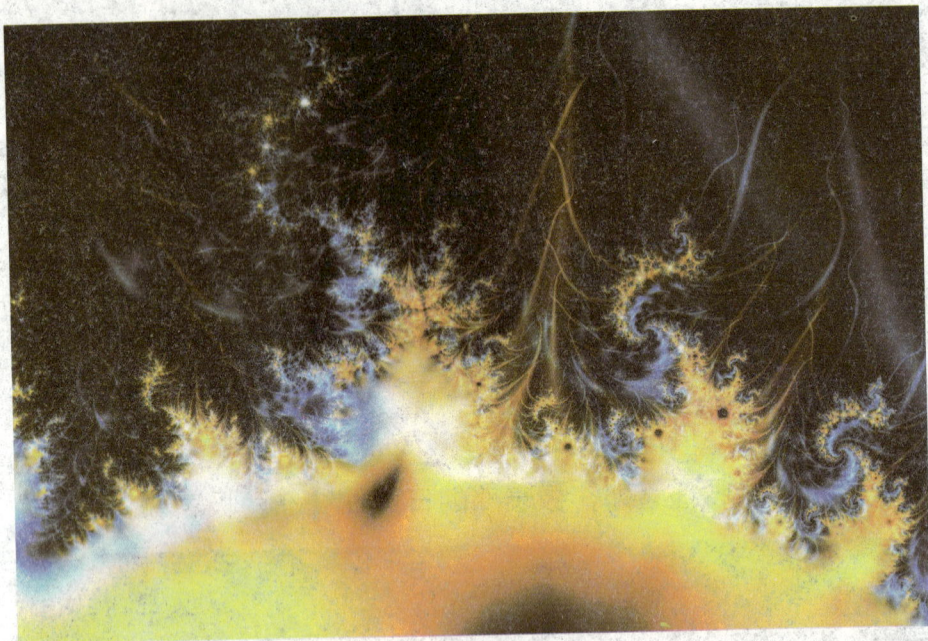

一簇簇羽毛的结构，人们叫它极羽。

极羽出现在日面的两极区域。聚集在太阳极区的日冕等离子气体由起着侧壁作用的磁场维持其流体静力学平衡，并因此形成极羽。

延 伸 阅 读

日冕可人为地分为内冕、中冕和外冕3层。内冕从色球顶部延伸至1.3倍太阳半径处；中冕从1.3倍太阳半径至2.3倍太阳半径，也有人把2.3倍太阳半径以内统称内冕，大于2.3倍太阳半径处称为外冕。

太阳的自转

　　15世纪时，人们普遍认为，地球由于自转引起了按一定周期变化的昼与夜的交替，并且太阳系内许多其他行星也都存在着自转现象。

　　1612年，伽利略发表了关于太阳黑子的活动记录，其中又发现黑子位置并非固定不变，也发现了太阳确实有自转。

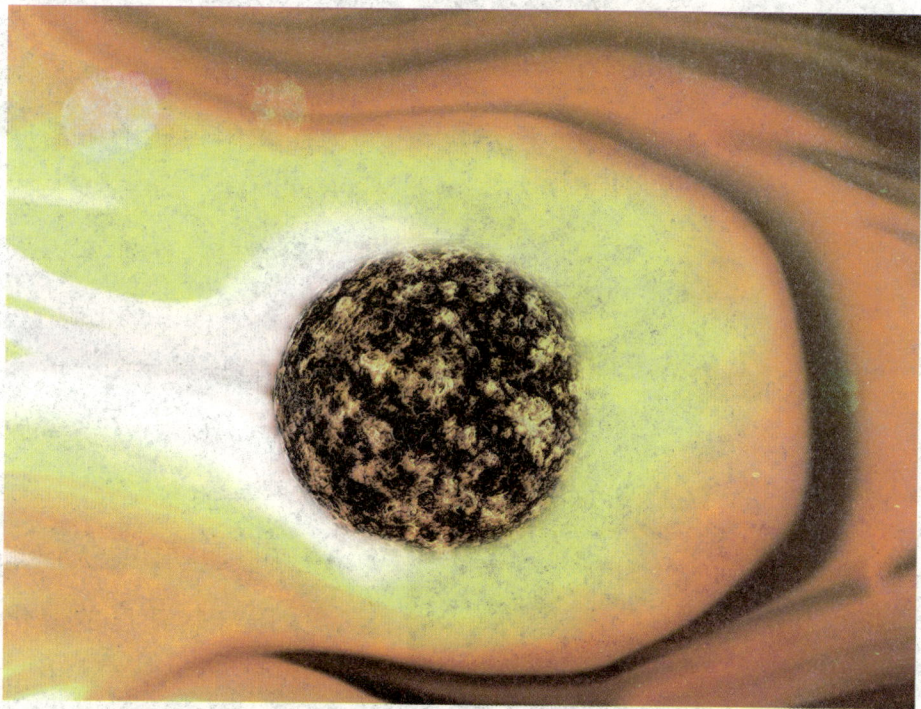

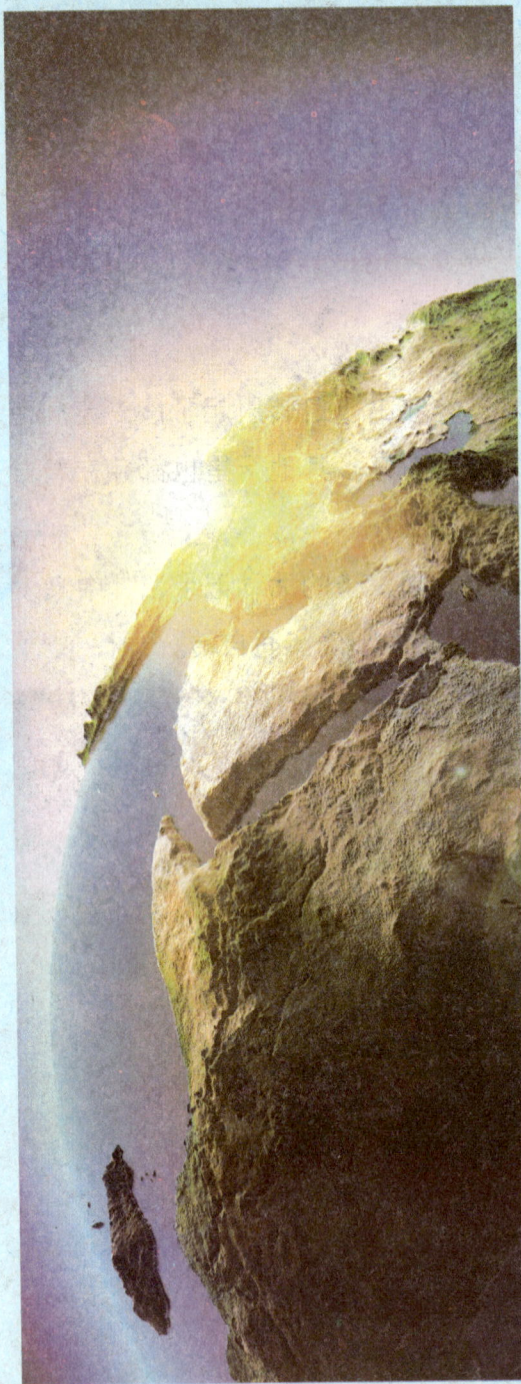

至19世纪中叶，英国天文爱好者卡林顿对太阳黑子和太阳自转周期进行了详细的观察，由于太阳不是一个固体球，而是气体球，因而它的各个部分自转周期是不同的，这是卡林顿的发现。

太阳的自转周期随纬度不同而变化，赤道地区自转周期为25天，纬度为40度的地区自转周期为27天，80度的地区为35天。太阳自转的平均周期为25.4天，在地球上测量太阳的自转周期平均为27.3天。

太阳自转除了因纬度变化而不同以外，自转速度也不是均速的。

在20世纪初期，人们测定，太阳自转速度的变化差不多是太阳自转平均速度的1/4000。

1970年，有些科学家还提出，太阳的自转速度每天都在变化，它的变化速度是在一个极大值与极小值之间，这似乎令人感到难以解释。

研究太阳自转还包括太阳大气层的自转问题。一般来说，在大气底层的自转情况也基本上随纬度而变化，在大气中上层的自转没有什么明显变化。此外，太阳自转还涉及太阳黑子的分布问题。

不少人研究了色球、日冕和太阳磁场扇形结构的较差自转。

色球和日冕的自转速率同光球相似。

有些观测表明，在某些日面纬度上日冕自转速度比光球自转速度慢，并且随太阳周期的位相而变化。至于太阳磁场扇形结构的边界，并没有像根据较差自转理论所预料的那样变化，而是呈现出一种刚性旋转。

延 伸 阅 读

太阳磁场是指分布于太阳和行星际空间的磁场，分为大尺度结构和小尺度结构。前者主要指太阳的普遍磁场和整体磁场，它们是单极性的，后者则主要集中在太阳活动区附近，且绝大多数是双极场。

太阳系在宇宙中的旅行

　　如果只在太阳系的范围里，太阳是固定不动的，地球和其他行星围绕着太阳不停地旋转，这样地球上才有一年四季的变化。

　　然而，在浩瀚的宇宙里，太阳率领它的家族——八大行星，正以每秒19.7千米的速度朝着武仙星座中的一点疾驶着。这一点叫作太阳向点，在天琴座的边界，离织女星不远。同时，太阳和银河系里的所有恒星都绕银河系中心做公转运动。太阳在银河系中以每秒250千米的速度绕银河系中心运动，大约2.5亿年转一

周。若与人类相比，在人类的发展史上，100万年是一个很长的时期，可是太阳绕银河系中心才仅仅转1度多一点儿。

如果太阳诞生了50亿年，那么太阳率领它的家族才绕银河系中心转了大约20圈。可见太阳系在银河系中心旅行的时间是多么漫长啊！太阳系是一个庞大的家庭，太阳是家长，其他主要家庭成员是绕太阳运动的八大行星，它们是水星、金星、地球、火星、木星、土星、天王星、海王星，以及绕行星运动的众多卫星。另外，太阳系里还有许多彗星和3000多个小行星。这一切，在宇宙中犹如一幅神韵天成的壮丽图画。

若把太阳假设为一个直径为0.01米的小球，那么由太阳到水星的距离就是0.37米，到金星的距离是0.72米，到地球的距离是1米，到火星的距离是1.5米，到木星的距离是5米，到土星的距离是9米，到天王星的距离是19米，到海王星的距离是30米，整个太阳系的"直径"为80米。而实际上整个太阳系的直径大约是120亿千米。

延 伸 阅 读

近代天文观测表明，所有的恒星形成一个透镜形的系统，直径约为8万光年至10万光年，我们的太阳系位于距离银河系中心大约26000光年的地方。银河系厚约12000光年，太阳所在位置的厚度约为3000光年。

太阳照不亮太空的原因

在地球上，正常视力的人可以看到任何事物。但是，宇航员到了太空后却只能看到漆黑的一片和发光的恒星。那么，为什么太阳照不亮太空呢？

我们之所以能够看见太阳和电灯，是因为它们本身发光；我们能够看见桌椅、书本和黑板，是因为它们本身虽然不发光，但是它们能将照射在它们身上的光反射到我们的眼睛里。只有光线进入到眼睛里，我们才能看见东西，否则什么都看不见。

在完全不透光的房间里，如果在墙上钻一个很小的洞，就会看到有一束光直射进来。这时，你一定会看到有许许多多闪亮的尘埃在光束中飞舞，原来空气中到处都是尘埃，除了那些能看到的较大的尘埃，更多的是用肉眼无法看清的。

我们之所以能看到这束光，就是因为

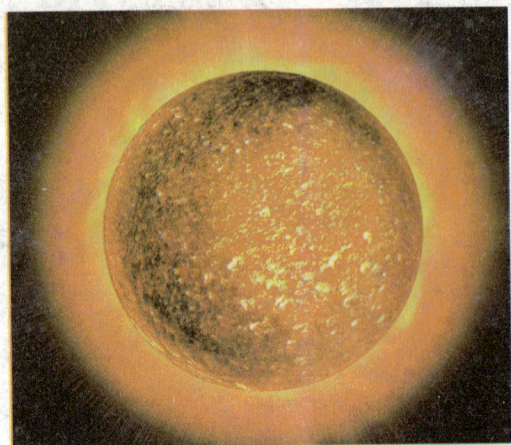

尘埃把光线反射到我们的眼睛里。我们白天能看到天空，也是因为空气中的尘埃、水滴和云把光线反射到我们的眼睛里，否则我们是什么都看不见的。

太空中没有空气，因此也不会有尘埃在空中飘浮。太空几乎是真空的，当太阳光穿过太空时，没有任何东西能反射它的光芒，因此到处都是一片黑暗。

如果这时有一颗卫星刚好进到太阳的光线里，那么坐在飞船里的人会清楚地看到卫星，因为卫星反射了太阳的光线，但是其他地方没有物质可以反射光线，所以在我们的视野里仍然是一片黑暗。

延 伸 阅 读

1957年10月4日，前苏联第一颗人造卫星上天，拉开了人类航天时代的序幕。前苏联宇航员——大名鼎鼎的加加林，于1961年4月12日乘坐前苏联"东方"号飞船环绕地球飞行了一圈，历时近两个小时，成为第一位进入太空的人。

多个太阳的真相

1551年4月，德国城市马格德堡被瑞典卡尔五世的军队围困。围困的日子已经延续了一年有余，城中粮草全无，城里人的生命危在旦夕。

一天下午，该城上空突然出现3个太阳。围城的士兵惊恐万分，认为这是天意的预兆，是上帝将要亲自来保卫这个城市。

根据卡尔五世的命令，瑞典军队马上解除了对这个城市的包围，并开始撤回家乡。

其实，多个太阳中除一个为真太阳以外，其余皆为假象，气

象上称之为"假日""幻日"或"伪日"，是一种少见的大气光学现象，其成因比较复杂。

简而言之，这是由于天空有冰晶组成的云层存在，太阳光被这些冰晶反射、折射所形成的。假日的出现对云中冰晶形状、位置和排列等要求十分严格，故这种奇景很难见到。当然，多日并升也并非绝无仅有。

1981年4月18日，我国海南岛东方板桥的居民早晨起来突然发现浅蓝色的天穹上同时出现了5个红艳艳的太阳。

科学家研究指出，离地面约7000米的高空有层云雾，这层云雾是由冰晶组成的。

小冰晶呈很规则的几何图形，受太阳光照射时会发生折射。太阳的七色光谱被折射后，因偏折度不同，在肉眼看来就会出现颜色不同、形状各异的光晕。同心光环、水平光带、多角图形等光晕就是一些复杂的光晕。

当水平光带和晕圈相交时，在交叉处就会出现耀眼的光斑，看上去就像是一个"太阳"，几个光叉就会产生几个"太阳"。这些由冰晶折射形成的假太阳在气象学上被称作"幻日"。

由于幻日是因为天空中规则的六角形冰晶体折射阳光造成的，所以只有同时具备了风雪、薄云和零下30摄氏度以下气温的条件，才能出现这种阳光折射的大气层现象。

在冬天，当高空的水滴凝结成细小的六棱形冰柱时，如果太阳光从侧面进入冰柱，而且能满足最小偏向角的条件，在内、外晕之间，靠近太阳两旁，与当地太阳同一高度的地方会出现幻日，其多少、明暗和大小随着高空小冰柱的分布情况而异。

延 伸 阅 读

关于幻日我国早有记载，《淮南子》上说："尧时十日并出，草木皆枯，尧命后羿仰射十日其九。" 2011年1月8日下午，吉林省吉林市天空中突然出现3个"太阳"，并且周围有彩虹环绕，持续时间在1个小时左右。

太阳周围的光环

　　太阳周围出现的光环称为日晕，它与晚上在月亮周围看到的月晕是一回事，只不过是日晕出现在太阳周围。

　　日晕是一种大气光学现象，它形成的原因是在5000米的高空

中出现了由冰晶构成的卷层云。

卷层云中的冰晶经过太阳照射后会发生折射和反射等物理变化，阳光就被分解成了红、黄、绿、紫等多种颜色，这样太阳周围就出现一个或两个以上以太阳为中心、内红外紫的彩色光环，有时还会出现很多彩色或白色的光点和光弧，这些光环、光点和光弧统称为晕。

当光环半径的对应视角在22度到46度时，人们可以用肉眼观察到"日晕"现象。

云层中冰晶的含量越大，阳光产生折射后所呈现的"日晕"形状就越小，光环也就越显著，容易使人观察到；反之，则无法形成"日晕"，或者即使形成也无法在地面上清楚地观察到这一现象。日晕有时也被称为"日枷"，有全晕圈和缺口晕。日晕的出现往往预示天气要有一定的变化，它是一种比较罕见的天象。

晕可分为有"小晕"和"大晕"，"小晕"即22度晕，"大晕"即46度晕。

小晕是以发光体为圆心，角半径为22度的一种内圈呈淡红色，外圈偶尔为紫色或白色的光环，光环内的天空明显比光环外的天空暗。而大晕则是角半径为46度的晕环，十分少见，一般要比小晕暗。

当天空中出现晕时，观测点离这层云的水平距离有六七百千米，按每小时四五十千米的移动速度来估算，一般在晕出现后十多个小时风雨就会到来，这便是"日晕三更雨，月晕午时风"的道理。

"日晕"多出现在春夏季节，但并不是每次出现晕以后必定刮风下雨，还要根据云的发展情况去分析。一般出现月晕时，下雨的可能性比出现日晕时小，而多是刮风天气。

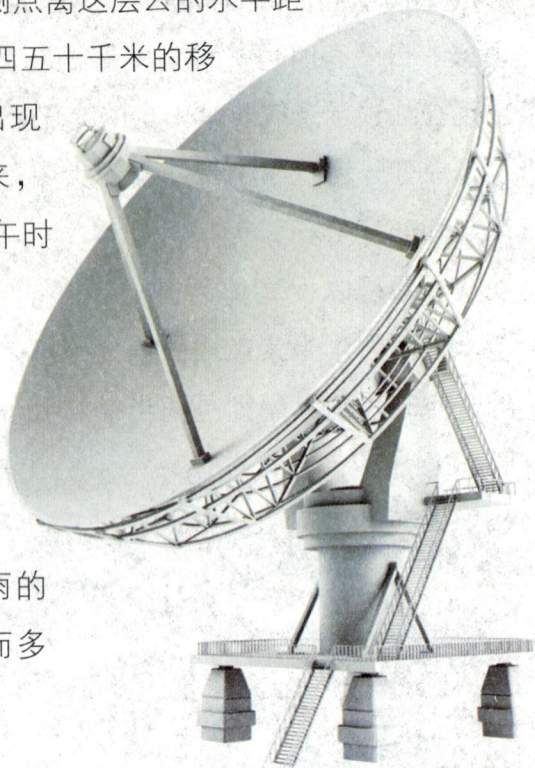

延 伸 阅 读

气象专家表示，在天气预报的过程中，日晕等天气现象并不能作为科学的依据。另外，肉眼观日晕不宜时间太长，因为日晕非常耀眼，应戴上护目镜或太阳镜观看，以免灼伤眼睛。

太阳与月亮同行

　　每年农历十月初一的早晨，我国浙江省海盐县南北湖风景区鹰窠顶上都会出现"日月并升"现象，这种现象不但在当地群众中世世代代流传，在明代古书上也有描述和记载。但是由于种种原因，这一天下奇景几乎被淹没了千年。

　　直到1980年杭州大学的冯铁凝先生从古书中发现它后，并且

在当年的农历十月初一，冯先生有幸见到了太阳和月亮并升的奇景。纵观"日月并升"，扑朔迷离的景象令人称奇叫绝。

太阳先升起，月亮随即跃入日心。太阳升起后不久，在太阳旁边出现一个暗灰色的月亮，围绕着太阳跳来跳去。一会儿跃在太阳右边，一会儿跃在左边，一会儿落在上面，一会儿又落在下面。当月亮经过太阳时，太阳表面大部分被月亮遮盖，颜色变暗，未被遮没的部分就闪现出金黄色的月牙形状。

然后，太阳和月亮重叠，合为一体，同时从江海上升起。太阳的直径比月亮稍大一点儿，太阳外圈显示出血红色光环或青蓝

色光环，月影先在日轮中，后又跳出日轮，在太阳四周跃动。阴影呈月牙形，月影在日轮中一起升起，并在日轮中跃动，直至月影消失。

这几种现象有的与日食过程非常相似，但又显然不是。因为日食不会每年正好发生在农历十月初一，也不会仅发生在鹰窠顶一带。有人认为这大概是太阳光线的折射造成的假象。这种现象在气象学中被称为"地面闪烁"，即是由于当时近地面大气密度的急剧变化引起的。由于南北湖的自然条件比较特殊，冷暖气流对流频繁，使空气的密度不停地变化着。太阳在不同密度的空气

中传播，会产生各种异常的折射现象。这时候太阳看上去仿佛像小松鼠一样蹦跳不息，忽上忽下、忽左忽右地在天边跳动着。

在1980年至1985年所出现的日月并升现象中，最短的只有5分钟，最长的31分钟，一般为15分钟，而且各次出现的景观又不完全一致。有关资料记载，我国可以看到这种奇观的地方只有浙江省的杭州葛岭、平湖九龙山、海盐云岫山鹰窠顶，以及江苏省苏州西郊和太湖之滨这5个地方。

延 伸 阅 读

天文学家认为，在背山面海的地方没有任何物体遮挡，而在山峰与水天相接处基本上保持平视角度，由于天文因素，太阳到了农历十月初一便会浮到东南向，而这天正好月球移到太阳旁边，因而形成"日月同升"的现象。

地球上的生命

　　只要太阳保持着目前的能量辐射状态，就能使地球上的生命存在下去。太阳的辐射是在氢聚变成氦的过程中产生的。

　　太阳要产生这么强烈的辐射，聚变物质的数量一定是很大

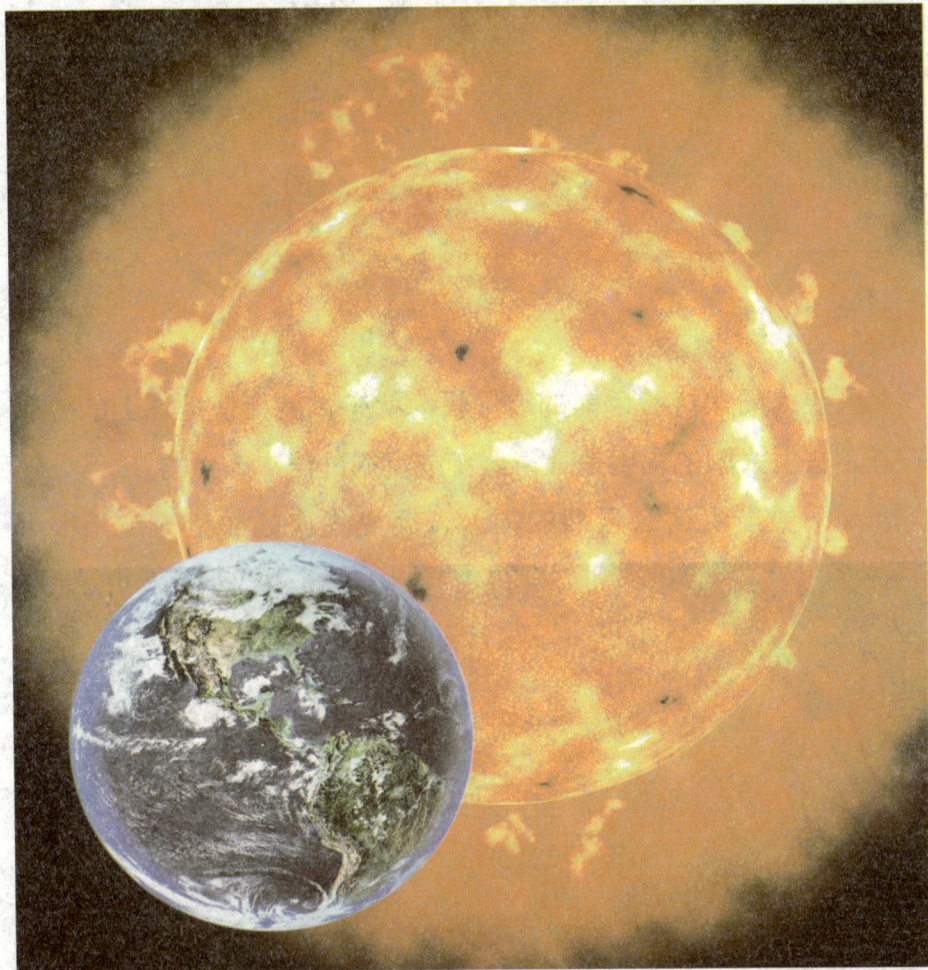

　的。确实如此，在每一秒钟里，就有6.3亿吨氢聚变成6.254亿吨氦，其余的0.046亿吨则转化为辐射能。这些能量中有一小部分射到地球，就足以维持我们这个星球上的生命了。

　　从太阳每秒钟消耗的氢的数量来看，它似乎不会维持很久。但是，这是由于没有考虑到太阳的巨大质量的缘故。太阳质量当中大约有53%是氢，其余部分几乎全都是氦，氦比氢更致密些。在相同的条件下，氦原子质量是同量氢原子质量的4倍。如果换算成体积，即所占据的空间，太阳的质量大约有80%是氢。

如果假设太阳最初全部由氢组成，而且它一直以每秒钟6.3亿吨的速率把氢转变成氦，并将保持这种速率的话，那么我们就可以计算出：太阳已经辐射了大约400亿年，并将继续辐射600亿年。

实际上，事情并非如此简单。太阳是一颗"第二代的恒星"，它是由在几十亿年前就已燃烧光、并已爆炸掉的恒星留下的尘埃和气体所组成的。

因此，在一开始，太阳的成分中就含有大量的氢，几乎跟现在一样多。这就是说，用天文学的尺度来衡量，太阳只辐射了一

段很短的时间，它的氢储量减少得不多。

此外，太阳也不会一直保持目前的这种辐射速度。氢和氦在太阳里并不是均匀地混合着的，氦集中在太阳的核心部分，而聚变反应则发生在这个核心的表层。

随着太阳的不断辐射，氦所构成的核心会越来越大，在它的中心，温度也会越来越高。最后，这个温度会高到足以使氦原子变成其他复杂原子的地步。

到那个时候，太阳将放出比目前更强的辐射来。不过，随着氦聚变的开始，太阳就会开始膨胀，并逐渐变成一颗红巨星。那时地球上将热得让人无法忍受，海洋就会被煮干。

据天文学家估计，太阳将在从现在算起的80亿年后进入这一新阶段。不过，80亿年是一个相当漫长的时间。

延　伸　阅　读

太阳只是一颗非常普通的恒星，太阳的亮度、大小和物质密度都处于中等水平。只是因为它离地球较近，所以看上去是天空中最大、最亮的天体。其他恒星离我们都非常遥远，即使是最近的恒星，也比太阳与我们之间的距离远27万倍。

地球呈扁形的原因

如果你有机会站在人造卫星上看，就能发现地球原来是一个东西长南北短的扁球。那么，地球为什么是一个扁球呢？要想知道原因，必须知道地球是怎样运动的。

一方面地球绕着太阳旋转，每转一周就是一年，这是地球的公

转；另一方面，地球还绕着贯穿它南北极方向的"轴"而旋转，每转一周就是一天，这是地球的自转。

由于地球在自转，所以地球上每一部分都在做圆周运动。这和汽车在转弯时，乘客也都在沿圆周运动一样。

经验告诉我们，汽车转弯时，乘客有向远离圆心方向倾倒的趋势，这种趋势是由于乘客受到惯性离心力的吸引而引起的。地球上每一部分都受到惯性离心力的作用，因而也都具有一种离开地轴向外跑的趋势。

地球上各部分所受的惯性离心力的大小与它离开地轴的距离

成正比。也就是说，距离地轴越远的地方，所受的惯性离心力越大。赤道部分比两极部分距离地轴远得多，所以赤道部分所受到的惯性离心力也远大于两极部分。这样，千百万年过去以后，由于惯性离心力的差别，终于使地球的两头变小而肚子变大了。

地球的扁度是很小的，以前人们一直认为地球的南北直径比东西直径短42千米。现在，根据人造卫星侦察的资料，精确地算出南北直径应该比东西直径短125千米。

现在运用激光技术可以测得地球与月球之间的精确距离，其误差仅为几米。按照美国和法国科学家较精确的计算，现在月球对地球的轨道是：近地点为35.65万千米，远地点为40.68万千米。

地球自转的平均角速度为每小时15度。在赤道上，自转的线速度是每秒465米。天空中各种天体东升西落的现象都是地球自转的反映。人们最早就是利用地球自转来计量时间的。

地球自转一周的时间约为23小时56分4秒，这个时间称为"恒星日"。然而在地球上，我们感受到的一天是太阳日24小时，这是因为我们选取的参照物是太阳。

由于地球在自转的同时也在公转，这约4分钟的差距正是地球自转和公转叠加的结果。天文学上把我们感受到的这一天的24小时称为太阳日。地球自转产生了昼夜更替，昼夜更替使地球表面的温度不至于太高或太低，适合人类生存。

延　伸　阅　读

地球绕太阳的运动叫作公转。地球公转的路线叫作公转轨道。它是近正圆的椭圆轨道。地球公转的方向也是自西向东，运动的轨道长度是9.4亿千米，公转一周所需的时间为一年，约365.25天。

地球上能量的源头

　　人类生活在地球上，时刻都离不开能量，就连我们吃东西也是为了要给身体补充能量。热是一种能量，电是一种能量，就连刮风也是一种能量，叫风能。

　　所有这些能量都是太阳给予的，太阳发出的光和热所产生的能量给我们送来温暖和光明，是生活在地球上的万物不可缺少的

生命之源。虽然这些能量只不过是太阳发出的能量的很小很小的一部分，但是已经足够地球利用了。

太阳的热量引起空气对流而产生风，并使水因为受热而蒸发成云，云又形成雨或雪落下来再回到地上，地球上的水才能不断循环。

地球上的植物利用太阳光的能量，用水和二氧化碳制造淀粉。这种光合作用是地球上最重要的化学反应，因为它生产的是地球上所有生物赖以生存的食物。

　　煤炭和石油是远古时代深埋在地下的动植物遗体，由于地热压力和细菌分解的作用形成，它们其实是贮存起来的太阳能。

　　地球现在的年龄大约是50亿岁，科学家认为，如果地球没有任何外来因素的干扰，将永远存在下去。然而，地球无法逃避宇宙其他天体的干扰，有诞生的一天，也有死亡的一天。

　　对地球影响最大的天体是太阳。可以说，地球上的一切能源都来自太阳，如果太阳消亡了，那么地球必将毁灭。

科学家告诉我们，太阳现在正处在中年期，再过80亿年，它的氢燃料就会被消耗完毕，进入风烛残年。

在太阳之光熄灭之前，由于它内部的骚乱，使太阳变得更热，外壳剧烈膨胀，一直膨胀出太阳系，变成一颗巨大的红巨星。那时，地球及其他行星都将被太阳烧成灰烬，然后散发到茫茫的宇宙去。

这时候，地球及整个太阳系也就走到了生命的尽头。

延 伸 阅 读

太阳黑子是太阳活动的主要标志，太阳黑子的活动周期为11年。太阳中心的温度至少在1500万摄氏度至2000万摄氏度以上，光球层的温度大约是5700摄氏度，太阳表层的温度不超过6000摄氏度。

地球上空气的形成

　　人类和其他生物一刻也离不开空气，地球上有空气才会有生机和活力，否则我们这个星球也和其他星球一样荒凉。

　　地球形成之初只是一团疏松的物质，没有地壳。当时不但地球表面上有一些空气，地球的里面也有空气，不过那些都是原始

空气，含氮气特别多，约占90％，此外还有不少水汽、甲烷和氨气等，几乎没有氧气、二氧化碳。

几亿年过去了，地球慢慢冷却下来，表面上凝结出地壳，火山开始不断喷发，把地壳里面储存的各种气体喷射出来，这些气体被地球的引力吸住，包在地球的外面形成大气层。

喷出的水汽在空中遇冷变成云，接着一直下了几千万年的雨，地球上出现了海洋，一部分水汽在阳光的照射下分解成氢和氧，氧和碳结合生成二氧化碳，但是氧气还是不多。

后来，地球上出现了植物，植物进行光合作用，放出大量的氧气，这样地球上才出现了动物。现在地球上的氧气占空气总量的21%，我们和动物呼吸的就是氧气。天空的空气不是没有颜色吗？那为什么晴朗的天空却是蓝色的，是不是在高空中有蓝色的气体呢？

不是的。在晴朗的天气中，空气中会有许多微小的尘埃、水滴、冰晶等物质，当太阳光通过空气时，太阳光中波长较长的红光、橙光、黄光都能穿透大气层，直接射到地面，而波长较短的蓝、紫等色光很容易被悬浮在空气中的微粒阻挡，从而使光线散射向四方，使天空呈现出蔚蓝色。

实际上，发生散射的蓝光只是一小部分，大部

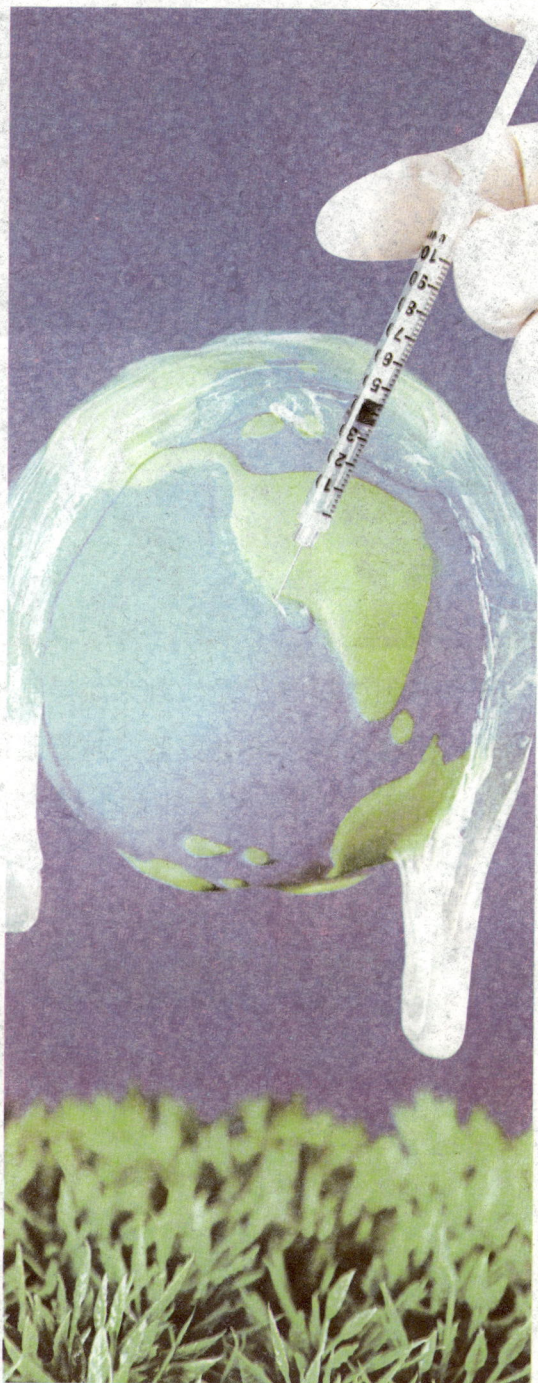

分没有遇到微粒的蓝光、紫光还是直接射到了地球上。当大雨过后，你是否注意过天会更蓝，越是晴朗的天气，天越蓝，就是因为在这样的天气里，空气中的尘粒、小滴、冰晶的数量会很多。

延　伸　阅　读

20世纪80年代初，科学家发现南极洲上空的臭氧层出现了巨大的"空洞"，美国科学院的一份报告显示，全世界如果继续以目前的速度使用化学品，至21世纪臭氧将消失16.5%，而臭氧层被破坏10%，皮肤癌患者就会增加20%。

地球自身的转动

在晴朗无月的夜晚，抬头遥望，总会看到密密麻麻的星星缀满夜空，好像眨着无数双眼睛。

如果乘坐宇宙飞船离开地球到宇宙中去旅行，就会发现，在你的四周都是满天星斗，那么星星为什么不会掉下来呢？

因为任何两个物体之间都有一种互相吸引的力量，叫做万有引力。宇宙中不同方向的万有引力是平衡的，所以地球、太阳和其他星星才能沿着各自的轨道运行，谁也不会把谁吸引过去。

我们看到抛出去的东西又落回到地球上来，知道了地球有吸引力。其实，其他的星星也都有吸引力，而且因为很多星星的质量都比地球大得多，因此它们的吸引力也比地球大得多。

如果它们突然跑到地球附近，那就不是星星掉到地球上，而是地球被星星吸引过去了。

地球在宇宙中为什么不会横冲直撞，而且还是绕着固定的轨迹转动呢？

地球之所以这样循规蹈矩，而不在宇宙中到处闯荡，是因为牵制它的神奇力量也是"万有引力"。

万有引力定律告诉我们：宇宙中的一切物体之间都是相互吸引的。人与人之间也是有引力的，比起地球的引力简直是太微不足道了，如同空气中的尘粒一般可以忽略不计。

我们都被地球强大的引力吸引在地球上，因此就感觉不到我们之间存在引力了，地球上所有的东西都往地上掉，而不会向其他方向飞出去，这就是例证。

宇宙中比地球大的星体有很多很多，太阳的质量就是地球质量的33万多倍。如果两个物体间距离越近，两个物体的质量越

大，那么万有引力就越大、越明显。

与地球相距最近的恒星是太阳，而太阳的质量又是那么庞大，因此地球就被太阳牢牢地吸引着不能逃脱，也不能在宇宙中乱跑。所以说是"万有引力"使地球在宇宙中"循规蹈矩"地运行着。

延 伸 阅 读

1961年4月12日，前苏联"东方"1号载人宇宙飞船在绕地球轨道上飞行时，宇航员加加林第一个亲眼目睹了地球的面貌，地球像是一个"蔚蓝色的大球"。

月球上坑的形成

月球上山岭起伏，峰峦密布，没有水，大气极其稀薄。月球上没有火山活动，也没有生命，是一个平静的世界。月球上为什么会有那么多坑呢？原来是因为月球诞生后，它的表面很快生成

一层薄薄的外壳，随着较重元素向月心方向聚集下沉，外壳层逐渐加厚。经过化学分异后的外壳层，被大的陨星或彗星撞击，在月球表面形成了巨大的盆地。

随着时间推移，外来天体物质对月球表面的撞击逐渐减少。被熔岩流填充的许多大盆地形成了现在的月海。例如，月球正面的雨海，科学家们认为是被一颗直径为96千米的小行星撞击以后形成的。这些小行星等天体对月球表面的撞击经历了相当长的时期。在39亿年至40亿年前，是月球表面遭受撞击最剧烈的时期。

月球上的坑通常又称为"陨石坑"，较大的陨石坑称为"环形山"，它是月面上最明显的特征。月球上的坑都是小行星撞击留下的，而地球上就没有那么多坑，这是为什么呢？造成这一现状的根本原因在于我们居住的地球有大气层，而月球和其他太阳系的行星都没有。许多小行星在撞击地球的过程中因为和大气摩擦而烧毁，所以就对地球造不成伤害。

另外，因为地球有了空气，再加上地壳的运动，所以地球表面有了风力、地形和水流等的不同。虽然这些因素没有地壳运动、行星撞击那么强烈，但它们却无时无刻不在作用着地球表面，这就是外力作用。经过长年日久的风蚀与水冲，地表趋于平坦。而月球上没有大气，自然就没有风，也没有雨，更不会有水流的冲

击。别说一个行星撞击的坑，就是一个小陨石也会砸一个大坑。

陨石坑的中心往往会有一座小山，在地球上陨石坑内常常会充水，形成撞击湖，湖心有一座小岛。

延 伸 阅 读

地球上约有150个大的依然可以辨认出来的陨石坑，通过对这些陨石坑的研究地质学家还发现了许多已经无法辨认出来的陨石坑。几乎所有具有固体表面的行星和卫星均带有陨石坑。

地球生命的由来

关于地球生命的起源，有一种说法认为原始生命是原始地球上产生的。进化论学派生物学家认为，35亿年前岩石形成时期的一种单细胞细菌是人类的祖先。

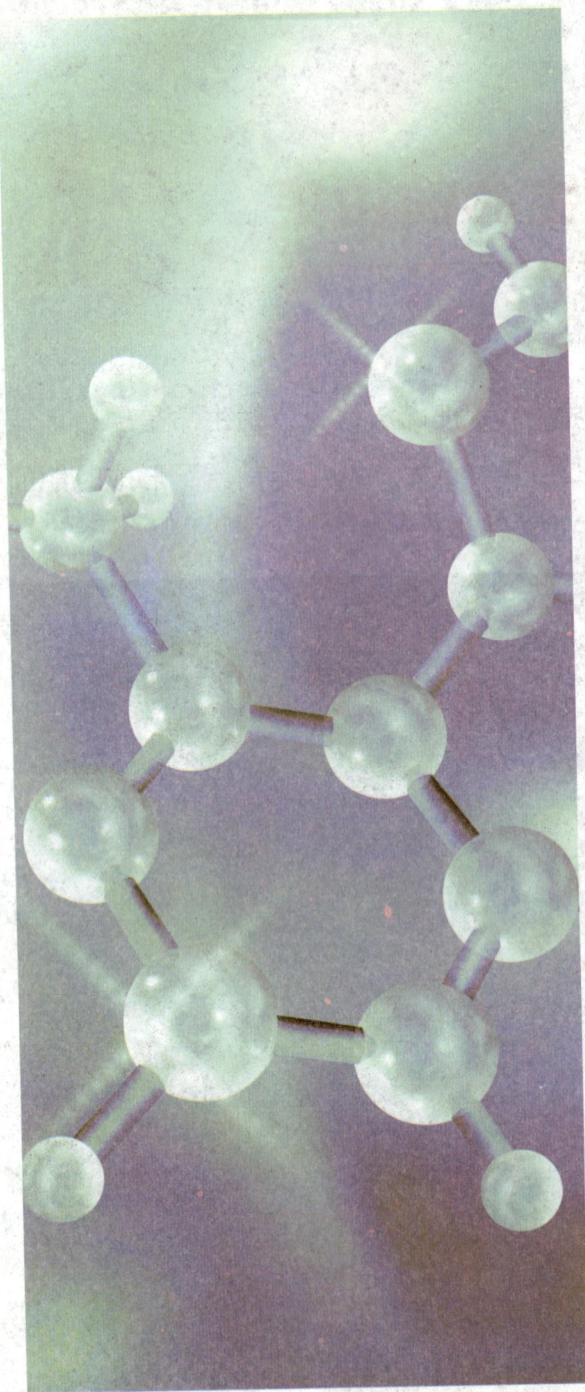

另一些科学家认为生命来自星际空间，原因是在月球表面或火星的火山口，都可以找到不少有机合成物。

早在19世纪初，人们已在陨石上找到了有机分子，它们是有机合成物诞生的重要因素，这种观点认为：地球生命来源于宇宙，陨石是载着生命种子的星际飞船，地球上最初的生命就是由陨石送来的。

不过，持原始生命产生于地球本身观点的科学家们认为，这些星体上的有机物迁居地球的机会基本为零，因为它们降落到地球时，产生的高温足以把整个海洋蒸干，令地球成为不毛之地，任何生物都无法生存。

黏土矿物是地球上最初的生命物质，黏土矿物是一种微小的晶体。这一说法已不再是西方的圣经故事和中国的神话传说，而是新的科学研究成果。

科学家们发现，黏土矿物晶体中存在一种有趣的缺陷结构，这种结构可以保存相当多的信息，从而决定晶体生长的取向和结构。因此，对于诸如属于"低技术"的催化剂和膜等原始控制结构来说，这些无机晶体作为一种构造物质要比大的有机分子更为合适。

彗星是一种很特殊的星体，与生命的起源可能有着非常重要的联系。彗星中含有很多气体和挥发成分，根据光谱分析，主要是氮、镉，还有氢氧根、铵根、胺基、乙炔、钠、碳、氧等原子

和原子团，这说明彗星中富含有机分子。许多科学家注意到了这个现象。也许，生命起源于彗星！

1990年，科学家们对第三纪界线附近地层的有机尘埃做了这样的解释：一颗或几颗彗星掠过地球，留下的氨基酸形成了这种有机尘埃。并由此指出，在地球形成早期，彗星也可能以这种方式将有机物质像下小雨一样洒落在地球上。这就是地球上的生命之源。

延 伸 阅 读

氨基酸是含有氨基和羧基的一类有机化合物的统称，是生物功能大分子蛋白质的基本组成单位，是构成动物营养所需蛋白质的基本物质。

地球的转速在变慢

　　珊瑚虫的生长和树木的年轮相似。珊瑚虫一天有一个生长层，科学家对珊瑚虫体壁进行研究，识别出现代珊瑚虫体壁有365层，正好是一年的天数。

科学家又数了距现在36000年前的珊瑚虫化石的年轮，则为480层。按此进行推算，13亿年前，一年为507天。这说明地球环绕太阳的公转过程，其自转的速度正在变慢。

由于地球自转的速度一直在减慢，1997年6月30日最后一分钟增加了一个闰秒，1998年12月31日最后一分钟增加了一个闰秒，大约每8个月至两年半便要增加一个闰秒。

为了让原子时与世界时协调一致，北京时间2012年7月1日全球将增加一秒，出现7：59：60的特殊现象。出现"闰秒"很正常，从1972年至今已经有过25次。

这对普通民众的日常生活不会产生任何影响。我们只要了解了这一秒时间并非真的是凭空增加的。

其实，人们早就发现地球的自转的速度并非匀速不变，科学家们研究了中国古代对公元前1876年日食的记载后，进行了计算，研究结果表明，地球的自转速度比以前减慢，这就是每天时间延长的原因，地球自转越慢，转动一周所需的时间，即一天的时间也就越长。

在3.7亿年前的泥盆纪中期，地球上的一年约有400天，在5亿

多年前的古生代初期，地球上每昼夜只有21小时，一年竟有410天，而在40亿年前地球形成初期，地球上每昼夜只有8小时，一年长达1000多天。可见，那时地球的自转速度要比现在快得多。

科学家认为，地球自转的不规则变化主要是宇宙力及地球系统内部物质移动引起的。据测算，由于太空中陨石、彗星残骸等"宇宙降尘"降到地球上，使地球每年要增重约3万吨，地球的历史已有40多亿年。由于地球越来越重，抵消了它自转中的一部分能量，因此导致它的转速在减慢。

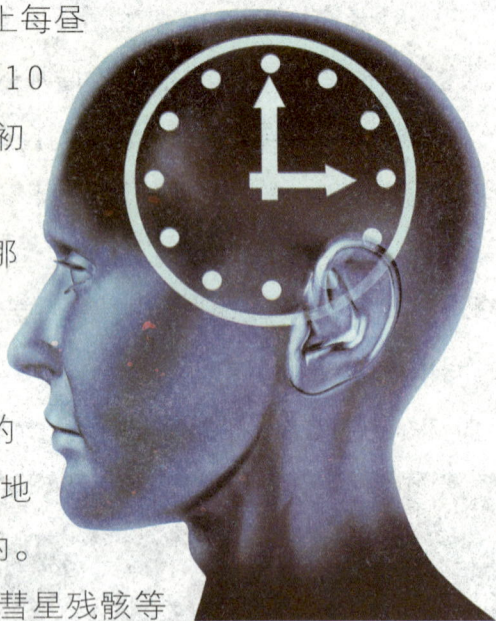

延　伸　阅　读

科学家还认为宇宙引力，特别是离地球最近的月球的引力也是导致地球的自转速度减慢的原因。月球自它形成以来就一直在逐渐远离地球，由于月球逐渐远离地球，对地球的引力也越来越小，因此也在一定程度上影响着地球的自转。

地球的光环

　　17世纪，科学家伽利略首先从天文望远镜里看到土星周围闪耀着一条明亮的光环。

　　数百年过去了，人们用天文望远镜观察着太阳系的其他行星，再无意外发现。所以，长期以来人们，一直认为土星是太阳系中唯一带有光环的行星。

  1977年3月10日，美国、中国、澳大利亚、印度、南非等国的航天飞行器在对天王星掩蔽恒星的天象观测中发现了奇迹。他们看到天王星上也有一条闪亮的光环！这一发现打破了学术界的沉默，在世界上掀起了一阵"光环热"，各国派出越来越多的航天飞行器去太空探秘。

  1979年3月，美国的行星探测器"旅行者"1号飞到距木星120万千米的高空，发现木星周围也有一条闪亮的光环。同年9月，"先驱者"11号探测器又在土星周围又新发现了两个光环，土星周围已经是三环相绕了。

  面对太阳系中其他大行星光环相继被发现，科学家们首先提出"地球上曾经有过光环"的大胆设想。他们认为地球和其他行星一样，同在太阳系中，绕太阳运转，也应该有光环。

这些科学家在地球上找到了许多地外物质，他们推测这些物质可能就是地球光环的遗骸。

地球上的光环是怎样消失的？美国航天局局长肖恩·奥基夫推断是被阳光吹掉了。他说，太阳的光线可能像一股股涓涓细流，打在什么东西上就对什么东西产生压力。在没有摩擦力的空间环境里，它在几百万年的时间里足以把光环里的粒子吹离地球的轨道。

根据奥基夫的推断，如果月球火山还保持活动的话，地球将来还会再度形成光环。

对于这一观点，学术界的认识一直未能统一，也遭到了许多人的反对。但在这些反对者中，许多人对"地球将来还会有光

环"的预见并没有异议，所不同的只是在形成地球光环的物质上，有人认为形成地球光环的物质，并不是奥基夫所说的由月球上火山喷入地球轨道的熔岩，而是在地球强大引力作用下月球崩落下来的碎片。

延 伸 阅 读

在望远镜中看土星，它的外表犹如一顶草帽，在圆球形的星体周围有一圈很宽的"帽檐"，这就是土星光环，又称土星环。光环的存在使土星成为群星中最美丽的一颗，令观赏者赞叹不已。

影响地球转动的因素

人们最容易产生"地球的运动是一种标准的匀速运动"的错觉。其实，地球的运动速度是在变化着的，而且极不稳定。根据"古生物钟"的研究发现，地球的公转速度在逐年变慢。如在4.4

亿年的晚奥陶纪，地球公转一周要412天；至4.2亿年前的中志留纪，每年只有400天；3.7亿前年的中泥盆纪，一年为398天。到了3.55亿年前的晚石炭纪，每年约为385天；6500万年前的白垩纪，每年约为376天；而现在一年只有365.25天。

天体物理学的计算也就证明了地球自转的速度正在变慢。科学家将此现象解释为是由于月球和太阳对地球的潮汐作用的结果。

科学家经过长期观测认为，引起这种周期性变化与地球上的大气和冰的季节性变化有关。此外，地球内部物质的运动，如重元素下沉、向地心集中、轻元素上浮、岩浆喷发等，都会影响地球的自转速度。

除了地球的自转以外，地球的公转也不是匀速的。这是因为地球公转的轨道是一个椭圆，当地球从远日点向近日点运动时，离太阳越近，受太阳引力的作用越强，速度越快；由近日点到远日点时则相反，运行速度减慢。

地球的自转轴与公转轨道并不垂直。地轴也并不稳定，而是像一个陀螺在地球轨道面上，做圆锥形的旋转。地轴的两端并非始终如一地指向天空中的某一个方向，如北极点，而是围绕着这个点不规则地画着圆圈。地轴指向的这种不规则是地球的运动所造成的。

科学家还发现，地球运动时地轴向天空画的圆圈并不规则。这就是说，地轴在天空上的点迹根本

就不是在圆周上的移动，而是在圆周内外做周期性的摆动。

由此可以看出，地球的公转和自转是许多复杂运动的组合，而不是简单的线速运动或角速运动。地球就像一个年老体弱的病人，一边时快时慢、摇摇摆摆地绕日运动着，一边又颤颤巍巍地自己旋转着。

延 伸 阅 读

地轴是地球自转的假想轴，称为地球自转轴。这个轴通过地心，连接南、北两极，与地球轨道面的夹角为66度34分。地轴目前正对着北极星。通过地心并与地轴垂直的平面为赤道面。

地球的重力

1911年4月，利比里亚商人哈桑在挪威买了12000吨鲜鱼，运回利比里亚首府后，一过秤，鱼竟一下少了47吨！哈桑回想购鱼时他是亲眼看着鱼老板过秤的，一点儿也没少分量啊！

归途上平平安安，并没有人动过鱼。那么，这47吨鱼的重量

上哪儿去了呢？哈桑百思不得其解。后来，这桩奇案终于大白于天下。原来是地球的重力"偷"走了鱼。

地球重力是指地球引力与地球离心力的合力。地球的重力值会随地球纬度的增加而增加，赤道处最小，两极处最大。同一个物体若在两极重190千克，拿到赤道就会减少1千克。

地球本身有相当大的质量，所以也会对地球周围任何物体表现出引力。拿一个杯子举例，地球随时对杯子表现出引力，杯子也对地球表现出引力。地球的质量太大了，对杯子的引力也就非常大，所以就把杯子吸引过去了。

重力并不等于地球对物体的引力，由于地球本身的自转，除了两极以外，地面上其他地点的物体都随着地球一起，围绕地轴做匀速圆周运动。这就需要有垂直指向地轴的向心力，这个向心力只能由地球对物体的引力来提供。

因为挪威所处纬度高，靠近北极，利比里亚的纬度低，靠近赤道，所以地球的重力值也随之减少。哈桑的鱼丢失了分量，就是因不同地区的重力差异造成的。

造成这种差异的原因正在研究之中。2002年，美国国家航空航天局发射了双子卫星，对地球的重力场进行了详细测量，这有可能帮助科学家尽快找到这种引力差距的原因。

地球重力的地区差异也为1968年墨西哥奥运会连破多项世界纪录这一奇迹找到了答案。这是由于墨西哥城的特殊的地理位置决定的。

　　墨西哥城恰好处在北纬20度，此地区海拔2240米，这一地区要比一般城市远离地心1500米以上。运动员们平时接受体育训练的地方地心引力相对较大，而比赛的地方地心的引力相对较小，所以运动健儿们才会奇迹般地打破了男子100米、200米、400米、4×400米接力赛、跳远和三级跳远等多项世界纪录。

延　伸　阅　读

　　离心力是指由于物体旋转而产生脱离旋转中心的力，也指在旋转参照系中的一种惯性力，它使物体离开旋转轴沿半径方向向外偏离，数值等于向心加速度，但方向相反。

地球的内部结构

　　地球是一个巨大的球体，它的内部究竟是什么样的呢？研究结果表明，地球内部可以分成好几个同心圈层。

　　粗略地看，地球大致可以分为地壳、地幔、地核3个圈层。

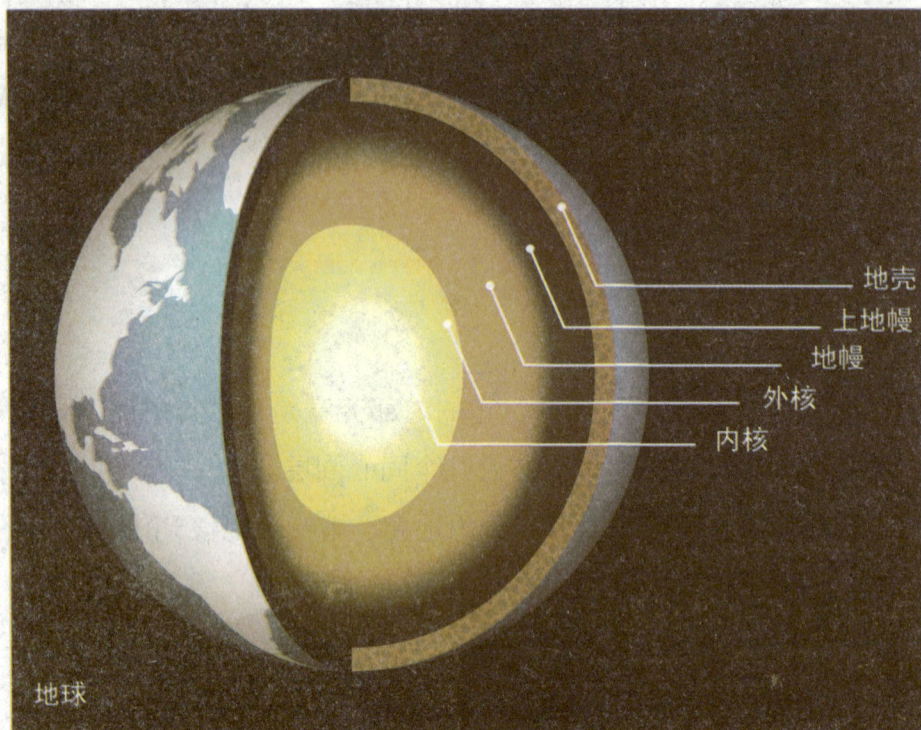

地壳
上地幔
地幔
外核
内核

地球

　　地壳是地球外部的一层坚硬的外壳。地壳由各种岩石组成，除地表覆盖着一层薄薄的沉积岩、风化土和海水以外，上部主要由花岗岩类的岩石组成，而下部则主要由玄武岩或辉长岩类的岩石组成。

　　地壳的平均厚度为33000米，我国西藏地区地壳厚达60000米至80000米，东部平原地区则为30000米。

　　地壳的密度随着地壳的厚薄不同而变化，压力自上而下由一个大气压增加至1300个大气压，温度至底部增加到1000摄氏度左右。

　　地幔介于地壳和地核之间，可分为两层。上层离地面33千米至900千米，其物质成分除硅、氧以外，铁、镁显著增加，铝则退居次位。地幔压力为50万个大气压，温度为1200摄氏度至1500摄氏度，物质状态为固态结晶质，但具有较大的可塑性。下层离地面900千米至2900千米，物质成分除硅酸盐以外，金属氧化物与硫化物，特别是铁、镍显著增加，压力为150万个大气压，温度为155摄氏度至2000摄氏度，物质状态属非结晶状态。

地幔的体积占地球总体积的83％，质量占整个地球的66％。由于高温高压的结果，地幔物质常处于熔岩状态，成为岩浆的发源地。

地核是指地幔以下到地球核心的部分。此处的地球中心压力

可达350万个大气压，温度约为3000摄氏度至5000摄氏度，在这样的高温，高压下，地球中心的物质已不能用我们熟悉的"固态"或"液态"的字眼来表示，它可能是一种人们还不熟悉的物质状态。这种物态的特点是在高温、高压的长期作用下，犹如树脂和蜡一样具有可塑性，但对于短时间的作用力来说却比钢铁还要坚硬。

延 伸 阅 读

所谓硅酸盐，指的是硅、氧与其他化学元素，主要是铝、铁、钙、镁、钾、钠等结合而成的化合物的总称。它在地壳中分布极广，是构成多数岩石和土壤的主要成分。

月亮表面的明暗

在发明望远镜之前，古代的人们只能在晴朗的夜晚，用眼睛仰望皎洁的明月。看到月亮表面有明有暗，形状奇特，于是人们就编出如嫦娥奔月、吴刚伐桂、玉兔捣药等美丽神话。

　　我们用肉眼也可看出月亮表面上有着不同的明暗区域。暗的地方常像一个人的面孔，尤其是"鼻子"与"眼睛"更加明显。这就是所谓的"月中人"了。那有人就要问了，为什么月亮表面有的地方明有的地方暗呢？

　　当初，意大利科学家伽利略希望用他那简单的望远镜看清楚月面上的那些明暗部分究竟是什么，可是他只能看清楚亮的部分是月亮上的高地和高山，暗的部分究竟是什么却无法看清。

　　其实暗的部分就是低洼而广阔的大平原，而不是伽利略所说的"海"。因为月亮上没有水，所以月亮上是没有真正的海的。不过，现在还一直沿用"月海"这个并不确切的名字。所谓的月海，是指月球月面上比较低洼的平原，用肉眼遥望月球有些黑暗

色斑块，这些大面积的阴暗区就叫做月海。

现在已正式命名的月海有20多个，除东海、智海和莫斯科海等少数几个海在月亮的背面之外，绝大多数都在正面，如静海。

这些海的总面积约占月球正面面积的40％。另外，月海一般都比月陆要低得多，最低的寸海在东南部，海底竟深达6000米以上。当阳光照射在月面上时，高地反射阳光的能力较强，再加上月亮高地主要是由浅色的岩石组成，因此也就更显得明亮。而低洼平原部分往往又覆盖着黑色的熔岩物质，反映阳光的本领要弱一些，在对比之下就显得暗淡多了。

在日常生活中我们经常看到：我走月亮走，我停月亮停，难道月亮真的跟着人一起走吗？

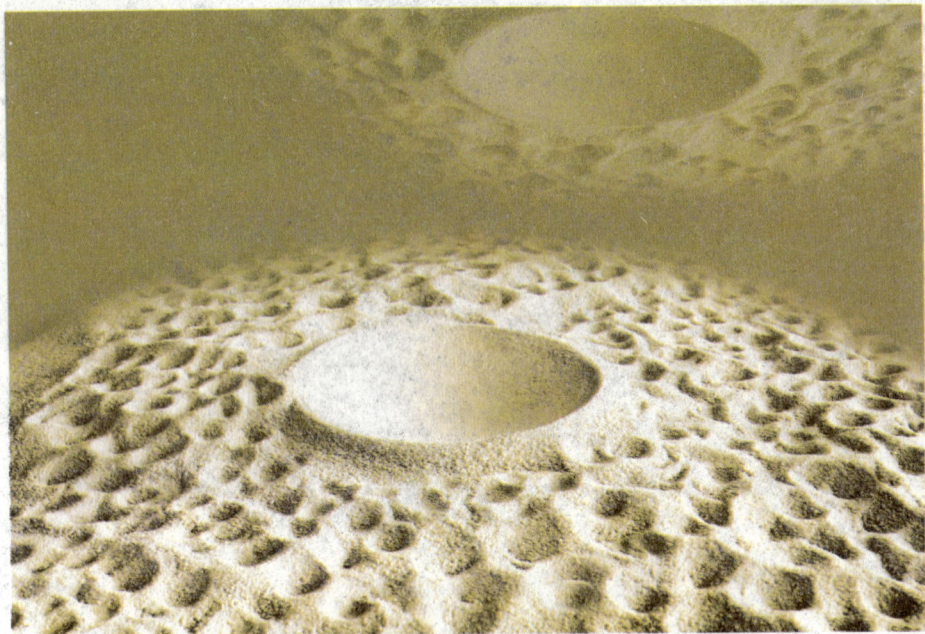

　　实际上月亮不是跟着人走的，只是你选择的参照物是人身边的景物，而月亮又离我们很远，当人走时，景物都要运动，于是月亮和景物之间的关系就发生了视觉上的位置变化，人就觉得月亮在跟着人走。

延　伸　阅　读

　　月面上高出月海的地区称为月陆，在月球正面，月陆的面积大致与月海相等。但在月球背面，月陆的面积要比月海大得多。从同位素测定知道月陆比月海古老得多，是月球上最古老的地形特征。